薰衣草森林

幸福不在於擁有多少，而在於如何看待自己所擁有的……

人文的 · 健康的 · DIY的
腳丫文化

薰衣草森林

用香草調味的幸福時光

兩個女生

林庭妃 · 詹慧君

坐擁小森林　流漣在美好時光

香草讓我的感官從沉睡中甦醒，香草也讓我的生命從渾沌中走向清明。

剛開始接觸香草時還住在台北，沒有地可以種香草，於是在廚房的窗台邊小小的方塊裡種了些迷迭香、百里香、羅勒，週末午後，泡上一壺花茶，配上自己做的手工餅乾，然後畫畫圖，和自己的心靈對話。當陽光離開了我的房間以後，我就摘一些迷迭香來做烤雞腿飯當晚餐。

城市中的生活熱鬧卻有點茫無頭緒，而遠方卻似乎有一種香草的味道在誘惑著我，順著這個味道，我在遙遠的新社山裡找到了我的香草田，開始了我的鄉間生活，跟百花一起盛開跟蝴蝶一起跳舞，和王媽媽一起種各式各樣的香草，用香草來做餐點，搭配庭妃的香草飲料，我們就在葛雷斯花園中慢慢的用餐，不趕時間。

在你的週遭，找出一小塊地方來種香草，相信你可以的，正如你可以在繁忙的生活中抽出一點時間來接觸香草一樣，只要你願意，那是改變的開始，香草將帶給你的，不僅是滿足口腹的享受，它的香味也會深深的浸透到你的生命之中。

慧君

香草的滋味　生活的樂趣

調配香草茶對我而言，就像仙女在配製魔法藥水一樣的刺激有趣，彷彿下一刻就會突然冒出神奇的火花，讓人血脈噴張、心跳加快的期待著每一秒的變化。每次遇上有朋友或工作夥伴身體不舒服時，我就用我的愛心調配一壺可以緩和他們不適的香草茶，喝了我的愛心茶，有如被神奇仙女棒點到似的，氣色立刻好上三分，因此我還把我的秘方傳授給各店的工作夥伴，讓他們可以為來到森林的朋友調配專屬的香草茶呢！

每當我在開發新的香草飲品時，就會抓身邊的人來試喝我的新飲料，由他們臉上的表情我就可以猜出別人對新產品的接受度，通常一開始找人試喝總會看見一堆扭曲的臉孔，但我會不氣餒的再接再厲，試喝的人也要不氣餒的跟著我再接再厲，久而久之，當身邊的人看見我在瓶瓶罐罐間手忙腳亂的時候，就會很恐慌的奔相走告，庭妃不曉得又在做什麼怪東西了，快閃免得被捉去當白老鼠……當我在嚐試新飲品時，就好像在為生活和香草之間找出更多連結，讓生活更加豐富美好，因此，香草對我而言，是代表了生活的樂趣、感官的享受。

愛上香草吧！它會帶給你幸福的滋味。

庭妃

走入森林
兩個女生的紫色夢想

將我們今天在山野之間發生的話語，釀成一瓶甜美的記憶珍藏……

我們是這樣無可救藥的愛戀咖啡、愛戀旅行、愛戀流逝而過的光影與氣味，並用畫筆與音符留住這些心情與故事……

　　我們兩個人分別來自台北、高雄；一個喜歡香草、一個喜歡咖啡，卻在奇妙緣份的安排下，成為共同築夢的夥伴。

　　一直夢想在一個可以身心安靜的地方，擁有一畝自己的薰衣草田。為了一圓這樣的憧憬與追求簡單純樸的生活，我們扛著全部的家當來到山很多樹很多的中和村。

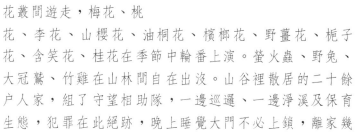

　　這裡離城市很遠，遠到地圖不標示、有的行動電話也派不上用場。車過中和村後，小路沿著潺潺小溪平緩而上，層層山巒，陽光空氣在樹林花叢間遊走，梅花、桃花、李花、山櫻花、油桐花、檳榔花、野薑花、梔子花、含笑花、桂花在季節中輪番上演。螢火蟲、野兔、大冠鷲、竹雞在山林間自在出沒。山谷裡散居的二十餘戶人家，組了守望相助隊，一邊巡邏、一邊淨溪及保育生態，犯罪在此絕跡，晚上睡覺大門不必上鎖，離家幾天不必擔心家裡的雞犬沒人照料。

而我們為了打造屬於自己的理想天地，也在節省營運成本的考量下，主體建築與花園是我們與園主王媽媽一家人從除草、整地、挖土、搬石頭、排列步道、種花到蓋房子，全是每個人利用休假日，一磚一瓦一草一木，親手打造起來的。值得一提的是王伯伯除了同意我們砍掉五十株他種了十多年的檳榔樹外，更把全部的檳榔園改種上一畦一畦的薰衣草田與香草田。

我們希望來這裡的客人都可以感受到生活中難得的寧靜與寧靜背後身、心、靈的滿足與豐厚的踏實。在薰衣草森林您可以隨性的看看書、聊聊天，或者坐在樹下聽風低吟，用全身的感官去感受自然環境的變化。

我們誠心歡迎您到山上走走，看風入林間，聽山川草木唱歌。或是體驗三、五天的山居歲月，過一種簡單樸實的生活，認識香草，學作手工餅乾與香草料理。

慧君．庭妃

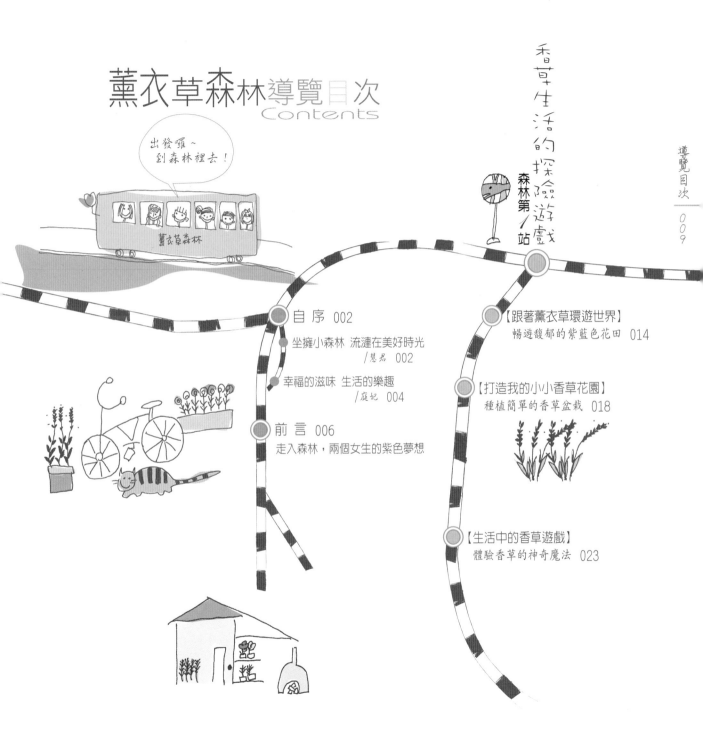

薰衣草森林導覽目次
Contents

出發囉～到森林裡去！

香草生活的探險遊戲

森林第1站

自 序 002

坐擁小森林 流漣在美好時光
／慧君 002

幸福的滋味 生活的樂趣
／庭妃 004

前 言 006
走入森林，兩個女生的紫色夢想

【跟著薰衣草環遊世界】
暢遊馥郁的紫藍色花田 014

【打造我的小小香草花園】
種植簡單的香草盆栽 018

【生活中的香草遊戲】
體驗香草的神奇魔法 023

紫丘咖啡館的簡單輕食

森林第2站

① 悠然惬意
百里香鮮菇沙拉 028

② 紫色浪漫
薰衣草煙燻鮭魚盤 030

③ 海洋魔力
香醋漬彩椒章魚 032

❋ 料理小教室：豬排醬汁 035

④ 南義風情
羅勒鮮菇義大利麵 036

⑤ 熱情如火
香芹干貝蝦仁辣味麵 038

⑥ 夢想飛行
香草蔬菜湯麵 040

❋ 料理小教室：雞高湯 042
魚高湯 043

⑦ 夢想成真
檸檬草蝦醬燴海鮮 044

⑧ 陽光森巴
檸檬草酸辣鍋 046

⑨ 樂而忘憂
芫荽鮮蟹火鍋 048

⑩ 山居歲月
鮮菇雞肉鍋 050

★ 薰衣草森林手記
每個人心中都有一座秘密森林 051

森林咖啡館的主廚料理

森林第3站

① 嫵媚風情
百里香芥茉小牛肉 054

② 幸福入味
茵陳蒿奶油雞 056

③ 自游自在
奧勒岡烤鱸魚 058

④ 活力十足
鼠尾草洋菇豬排 060

⑤ 簡單自在
香料烤蔬菜 062

⑧ 微風往事
月桂葉洋菇湯 064

⑨ 綠意盎然
青江菜玉米湯 066

⑩ 陽光野趣
胡蘿蔔泥湯 068

★ 薰衣草森林手記
美好的下雨天 069

梯入泥的森林野宴 森林第4站

① 甜蜜心事
　羅勒水果塔 072

② 偷閒時光
　法式麵包布丁 074

③ 清新自在
　檸檬草檸檬椰果凍 076

　料理小教室：薰衣草水 079

④ 森林野宴
　迷迭香黑芝麻餅乾 080
　薰衣草優格冰沙 081
　薰衣草藍莓潘趣 081

⑤ 微醺歲月
　茴香黑櫻桃布丁 082
　薰衣草水果茶 082

⑥ 心滿意足
　薄荷水果三明治 084
　鰻魚漢堡 086

　薰衣草森林手記
　紫色花海上的小船 087

許願樹下的幸福茶飲 森林第5站

① 恢復元氣
　百里香感冒茶 090

② 觸電滋味
　薰衣草冰拿鐵 092
　薰衣草冰奶茶 094

③ 迎向未來
　薰衣草琉璃冰茶 096

④ 願望成真
　檸檬草白皙茶 098

⑤ 健康滿分
　檸檬羅勒消化茶 100

⑥ 為你加油
　山芙蓉元氣茶 103

⑦ 好夢連連
　甜薰衣幸福茶 104

⑧ 舒壓解憂
　橙皮玫瑰花茶 106

　薰衣草森林手記
　願望帶我們到遠方 108

歡迎到森林走走 附錄

⭐ 來森林，開PARTY 112

⭐ 森林紀事1
　相愛在森林裡 114

⭐ 森林紀事2
　暑假瘋旅行 116

⭐ 森林紀事3
　祝福的季節 117

森林第 *1* 站

香草生活的探險遊戲

想把腳步放慢，思緒放少，行程放空……

一花一世界，種類繁多的香草組合起來就成了無
盡豐富的宇宙，香草裡有知性的奧秘，也有感性
的歡愉，香草可以是一門學問、一種生活享受、
一項娛樂或遊戲；或者，個人不凡的品味。
食衣住行育樂，通通可以很香草。

跟著薰衣草環遊世界

暢遊馥郁的紫藍色花田

很多人問我們：「如何把薰衣草種得這麼好？」

答案很簡單，就是不斷的去嘗試薰衣草的品種、土壤、水份、陽光，最重要的是有耐心。

薰衣草是一種馥郁的紫藍色的小花，原產地中海地區，性喜乾燥，花形如小麥穗狀，有著細長的莖幹，花上覆蓋著星形細毛，末梢上開著小小的紫藍色花朵，窄長的葉片呈灰綠色，成株時高可達90cm。每當花開風吹起時，一整片的薰衣草田宛如深紫色的波浪層層疊疊地上下起伏著，甚是美麗。

受限於氣候與土質，薰衣草在台灣是極少見，但是看著一大片的薰衣草田，恣意地炫耀「數大便是美」的自然張力，雖然只是照片，但紫色的薰衣草就像魔咒，魅惑著存於你我內心的浪漫情懷。

如果你行走在薰衣草間，就會有著魔般的眩然忘我，因為薰衣草的花、莖、葉上的絨毛都藏有油腺，只要輕輕碰觸即釋出穿透感官的甜香，一聞就令人難忘。

　　跟著薰衣草的香味，來到世界著名的紫色花田，暖和的陽光灑落，伴著一顆好滿足的心。

法國

　　世界最大的薰衣草產地，普羅旺斯的栽培面積大約兩萬公頃左右，其中薰衣草（lavende）大約四千公頃，大薰衣草（lavendin）約一萬七千公頃，以生產精油為主。

　　法國南部阿爾卑斯山區的薰衣草早期都是半野生狀態，一直到1920年代末期發現天然雜交的大薰衣草以後才開始產業栽培。目前普羅旺斯的薰衣草可分為大薰衣草、實生品系薰衣草和無性品系薰衣草三種類型。

　　薰衣草在法國已是生活的一部份，從種植、採收並提煉薰衣草油，創造研發出非常豐富的產品。

英國

　　早期可能是由羅馬軍隊引入英國，以供洗澡用。羅馬人離開之後，許多修道院的僧侶在藥草園種植薰衣草。伊莉莎白女王一世對薰衣草情有獨鍾，帶動薰衣草產業在倫敦週邊蓬勃發展，也因此薰衣草又被稱為英國薰衣草。

　　目前英國仍有許多薰衣草農場，其中最有名的Norfolk Lavender成立於1932年，是英國的薰衣草品種收集中心，每年有15萬人參觀，產品也行銷到世界各國。

紐西蘭

雖然英國移民在1800年代就引進薰衣草，但到了1950年代左右才開始產業栽培。官方於1983年開始投入精油產業的試驗研究，紐西蘭作物與糧食研究所建立相當豐富的資料。民間也在1995年成立薰衣草生產者協會（NELOPA），目前在南北島各有一個種源中心，收集有250個品種薰衣草。每年9月到隔年4月是紐西蘭最佳賞花時節，北島陶波Taupo和威靈頓近郊的北帕默斯頓Palmeston North與馬納瓦圖Mankwatu，以及南島基督

城附近的阿卡羅瓦Akaroa皆是薰衣草種植區。

台灣

台灣雖然從早期就有人零星引進薰衣草，但一直到最近十年左右才開始比較大規模的推廣，不過以台灣的氣候和土地條件，要從事薰衣草的精油產業，成功的可能性不大，比較可行的還是休閒觀光產業。目前法國薰衣草、齒葉薰衣草、甜蜜薰衣草、羽葉薰衣草等品種在中海拔地區生長大致不成問題（只要夏天的雨量不要太多）。

南非

南非目前自國外引進薰衣草種植的情況不多，大部分都還是野生的品種，Lavender Subnuda薰衣草原生於非洲中部到東部的炎熱地區。但非洲南部氣候土壤非常適合栽種各種花卉，特別是薰衣草，由其中提煉出的精油所研發的各種薰衣草產品中，又以香氛類產品的獨特香味備受好評。

日本

薰衣草被引進北海道栽培是在昭和初期，當初是為了生產製作化妝品的原料，在札幌的農場開始進行栽培。後因化妝品業界需求量激增，昭和25年在富良野進行大規模的栽培計畫，成功生產出高品質的薰衣草精油。昭和33年，薰衣草被指定為北海道獎勵特用作物，全盛時期北海道的栽培面積已達235公頃。後來，由於生產量的增加供過於求，使得價格開始滑落。

正當此時，卻因薰衣草田的美麗風光被刊登在國鐵（現在的JR）的海報上，引起各大新聞媒體爭相報導，讓北海道薰衣草田紫色浪漫的美景廣為人知。從此，北海道的薰衣草田成為日本的觀光重點，薰衣草相關商品也在農園中熱賣。

打造我的小小香草花園

種植簡單的香草盆栽

一、自己種植幸福的香草

1、先為香草寶寶找個家

香草的魅力讓你心動了嗎？在決定要種植香草之前，先確定一下家中適合種香草的地方。大部分的香草植物都需要日照，不適合在室內栽種，如果有戶外的庭院或屋頂的陽台，是種香草的首選環境，明亮的窗台也適合讓香草寶寶生長。

但現在大部分的人都住在公寓式的房子裡，如果沒有陽台，辦公室的窗邊、家中室內的窗邊也可以種植，只是要多費點心思，最好選擇小盆栽開始種植，有空的時候拿到戶外去曬曬太陽，它也能活得很健康。

2、選擇香草植物

為你的香草寶寶挑好環境之後，接著可以來選擇植物，或許你已經有心儀的香草植物，有人鍾愛薰衣草的紫色浪漫（像我們一樣！），有人喜歡薄荷的清涼氣息，有人則對檸檬百里香的清新愛不釋手，無論那一種，你當然都可以嘗試看看，但如果先了解植物的特性，再配合適當的環境之後，栽種的成

功率會高許多。

我們也在後面的單元選出了三種比較容易栽種的香草植物（請見22頁），對於它們栽種的方式，都有詳細的介紹，是香草入門者最佳的選擇，以下是選擇香草植物的小技巧，跟你一起分享：

＊先從小型或已成熟的盆栽開始

第一次種香草植物，最好是從已有小苗的盆栽品種開始種起，或者是成熟盆栽像迷迭香、薄荷、百里香、羅勒等，都是比較基本的品種，也較好種植，能提升你種植香草的自信心。避免從種子開始種起，成功率會比較低。

＊了解植物的特性

在挑選香草種類時，首先了解你想種的香草的生命週期，是「一年生」或「多年生」的植物。若是一年生的香草，從萌芽到凋萎，也只有一、二年的時光，在挑選盆栽時，要選莖幹較新枝、顏色較新綠的植株，正在開花或即將開花的植物。

＊選擇健康盆栽

選擇盆栽時注意，幼芽多一點、根莖不要過長，分枝愈多愈好、莖部粗大而結實、葉色鮮豔、葉片完整、盆底有白根露出（表示植物的根生命力較強），還有接觸土壤的部分是不是健康，有沒有枯爛的情形……，都是購買時所需要注意的重點。

3、栽種香草的通則

大多數的香草都是生長在自然野地的芳香精靈，想將它們帶入我們的生活中，總是需要費點心思，當初剛開始在種薰衣草時，像是在做實驗般，品種、陽光、澆水，不停的嘗試，累積了不少寶貴的失敗經驗，以下是簡介種植香草植物的共通技巧，希望你們一試就成功！

＊偏鹼性、排水良好的土壤

種植香草的第一關，就是土壤適不適合，大部分的香草都比較喜歡偏鹼性、稍微乾燥的土壤，只有少部分會比較喜歡潮溼，所以土壤的排水性很重要。建議你可以在園藝行買培養土，加三分之一的砂土，或者十分之一的蛭石，可以增加土壤的排水性與透氣性。

＊依照植物的特性來澆水

為香草寶寶澆水的大原則就是——盆土乾燥就該澆了，每次澆水要少量慢慢的澆水，讓土壤「澆透」為止。台灣因為四季氣候的不同，在澆水時也要適當的調整。夏天時，盆栽要避免直曬陽光過久，並在早晨和傍晚較涼爽的時候各澆一次；冬天不用天天澆水，兩、三天土乾了再澆即可。

不同品種的香草對水分的需求也不同，有個辨別的小秘訣，通常葉片比較堅硬、葉子比較小，像薰衣草、迷迭香，適合偏乾燥的環境，太過密集的澆水，反而會使葉片枯黃、發霉，根部更可能會爛掉。

葉片較大、比較柔軟的香草，像是香茅、薄荷，則要保持溼潤的土壤環境，二、三天不理它，可是會讓它枯萎，記得要幫它們補充水分。

＊少許的有機肥

在居家的小花園或陽台種植的香草，可隨手採擷作為茶飲或料理點綴，所以在施肥時宜用有機肥，像市售的米糠、豆類、骨粉……等，但有機肥較會產生黴菌，甚至還會吸引

蚊蟲，建議不要大量的使用，只要加入少許的肥料，就可以維持很久。

＊注意病蟲害

台灣夏天的氣候潮溼又悶熱，較容易產生病蟲害，是種香草最傷腦筋的事情，一旦有發現害蟲的時候，可直接用手抓走，或將生病的葉子剪掉。不妨可以用稀釋的肥皂水或洗米水、辣椒水噴灑葉片，避免讓香草寶寶提早夭折。

4、香草植物的保存方法

香草的保存一般分為新鮮和乾燥兩種方式：

＊新鮮香草保存法

趁天氣晴朗的早晨，將新鮮香草剪下來放在杯裡當小盆栽，每天換水，約可維持四天左右；或者將採擷下來的新鮮葉片，先用冷開水沖洗，再瀝乾水分，最好依照份量的多寡，分裝在塑膠袋和密封袋，再放入冰箱冷藏，不過保存期限大約3～5天，如果份量較多，不妨放入冷凍庫保存。

＊乾燥香草保存法

把香草摘下來之後，連枝帶葉以麻繩或橡皮筋綑綁成一束，倒掛在室內陰暗處風乾，約一、二週完全乾燥後，即可使用。或者是把葉片部分放在室內乾燥的地方，直接風乾；或者是把採收的香草，放入烤箱或微波爐內加以乾燥，但要避免高溫過熱，反而會使葉片焦掉，更難保存。等乾燥之後，保存時可剪成適當大小，放入密封罐中。

Good Idea！

把乾燥後的香草，放在粗鹽或糖罐中，可以變成香草鹽、香草糖。隨時為烹調，加些新的變化，處處都有驚喜。

＊其他的方法

比如將薄荷、薰衣草的新鮮葉子加飲用水放入置冰盒中做成香草冰塊，在調雞尾酒或是紅茶時加入，冰塊漸漸融化，就可以看見鮮嫩的綠葉或花朵、花瓣，飄在微微透明的飲料中。

二、動手種香草的成功訣竅

很多朋友經常跟我們抱怨：「香草很難種，老是沒多久就枯死了！到底要怎麼種才能像妳們種的這麼漂亮？」種香草的確有訣竅，有的需要多一點陽光，有的又需要少一點水，以下是一些香草的種植訣竅，與你們一起分享。

1、薰衣草

最好把薰衣草盆栽放在向陽通風的地方，曬太陽六小時以上，給水不用太多，否則持續潮濕的環境，會使根部沒有足夠的空氣，容易讓薰衣草生病。還有記得給薰衣草喝一點牛奶，會讓它長得更強壯喔。

2、迷迭香

迷迭香也是喜歡太陽，所以要放在陽光充足、通風的地方，每二天澆水一次，別讓土壤太乾或太溼，建議使用排水良好的沙質土壤，種植的成功率會大增。

3、薄荷

薄荷是可以放在室內栽培的植物，它只要半日照即可，並不難種。一天澆水一次即可，冬天只要兩天澆一次，選擇排水性良好、肥沃的砂質土或腐質土會較適合，最好每一季都施肥一次。

生活中的香草遊戲

掬滿掌之陽光，揉入香草田芬芳的味道，深呼吸，讓每個細胞都充滿青春活力。

一、沖泡香草茶

許多人喜歡香草，因為其迷人芬芳的香氣和味道，新鮮的香草讓人覺得清新舒爽；乾燥的香草濃郁芬芳，香草也有季節性，在新鮮花草的季節享受，最為舒服自然。

沖泡香草茶先從單品開始嚐試，然後找出你喜歡的氣味做為基礎，再混合數種花草來嚐試。同樣效用的花草可以混在一起，而產生相輔相成的效果，可按照花草本身的功能、個人的喜好和需求來搭配，一個好喝的花草茶，可以喝出茶的層次感，前段是花的香味，中段是根莖葉的味道，後段有回甘的香醇。

二、 精油入門

香草的香氣是因為其中含有精油，香草本身就很香，只要與其接觸磨擦就能夠產生強烈的香氣，藉此可以打開花與葉的毛囊。

香草可以泡茶來喝，但精油卻不可以喝，精油是將芳香植物中所具有的有效成份濃縮，不溶於水，可溶於酒精或植物油，揮發性很高，具有許多功效，其芳香味可以透過鼻子吸聞，對腦產生作用，而且可以平衡身心靈，獲得健康、舒適、放鬆的效果。

植物精油從花或花蕾、枝葉、樹皮或樹脂、根等部位萃取，例如1噸的薰衣草只能萃取3瓶精油，而要取得1滴玫瑰精油，大約需要50朵玫瑰，由於精油是濃縮的香料，所以一定要稀釋使用，以1%以上最理想。

三、 手工香皂DIY

工具
溫度計、量杯、不鏽鋼鍋、磅秤、手套、模子、保鮮膜

材料
椰子油1000cc、氫氧化鈉190公克、芳香精油8～12cc、天然色素適量

做法1
把秤好重量的椰子油1000cc倒入不鏽鋼鍋，以小火加熱，均勻攪拌，溫度維持在攝氏50度。

做法2
以量杯取500cc定量的水，戴上手套，把氫氧化鈉190公克緩慢倒入水中，攪拌至溶解。

做法3
等到氫氧化鈉溶液溫度降至攝氏50度，倒入做法❶的椰子油不鏽鋼鍋中，使用攪拌器攪拌至黏稠狀（約需攪拌40分鐘），然後置於乾燥處約1～2個月。

做法4

2個月後等皂基完全皂化，把皂基切成細絲條，然後隔水加熱至皂基完全溶解，再倒入天然色素、芳香精油，均勻攪拌後倒入模子中，靜置一天，再把香皂自模子取出，用保鮮膜包起即可。

森林第 *2* 站

紫丘咖啡館的簡單輕食

我想與你喝一杯咖啡，聆聽一首歌，讀幾頁報紙，並說上幾句話……

面對薰衣草田的紫色山丘，
可以坐下來享受樹林的芬多精，
品嚐羅勒義大利麵的淡淡香味，
漫步在薰衣草田步道，
跟著飛躍在花田的蝴蝶飛舞。

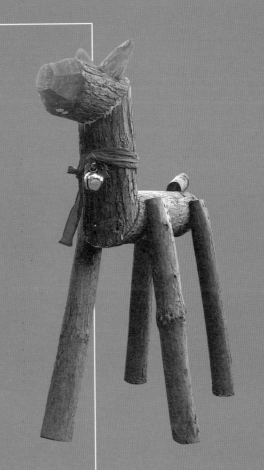

夢想成真 熱花茶

甜薰衣草幸福茶 $160
甜薰衣草+玫瑰+洋甘菊
Lavender +Rose + Chamomile

薰衣草舒壓茶 $160
薰衣草 + 薄荷
Lavender + Mint

檸檬草柚子茶
檸檬草 + 柚子釀
Lemongrass + Pom

薰衣草水果茶
薰衣草 + 各
Lavender

百里
百里

暖
薑 +
Ginger

玫瑰養顏茶
玫瑰 + 薔薇果
Rose+Rose Hips

悠然愜意

百里香鮮菇沙拉

多種鮮菇的甜美滋味，加上百里香、月桂葉的清香，滑潤的口感，喚醒夏日沉睡的味蕾。

材料 / Ingredients

新鮮香菇 150克切片
洋菇 150克切片
杏鮑菇 200克切片
鮑魚菇 200克切片
蒜仁 60克切片

新鮮百里香去梗留葉 1支
橄欖油 30cc
乾燥月桂葉 1片
巴山米克醋（balsamico）80cc
歐芹 20克切碎

糖、鹽 適量
黑胡椒粉 適量

做法 / Procedures

● 先將橄欖油倒入鍋中加熱，改小火放入蒜片、月桂葉微炒出味加入香菇片、洋菇片、杏鮑菇片、鮑魚菇片、百里香炒軟。

●● 加入巴山米克醋，將醬汁收乾後，以鹽、糖、黑胡椒粉調味，再加入歐芹拌勻即可。

小叮嚀

＊如喜歡酸味者可不用加糖。

＊菇類不要炒太老太久而變形。

＊巴山米克醋即為葡萄老醋（陳年葡萄醋）。

紫色浪漫

薰衣草煙燻鮭魚盤

薰衣草些微的苦味，搭配燻鮭魚的鹹味，口感複雜，是屬於成熟的味道，
也像戀愛般有點苦澀，卻無法停止想吃的衝動。

材料/Ingredients

薰衣草葉 1枝　　　　　檸檬汁 20cc　　　　　白酒醋 30cc
酸豆 1大匙　　　　　　洋蔥 6克切碎　　　　　鹽 適量
橄欖油 40cc　　　　　　煙燻鮭魚 6片　　　　　黑胡椒粉 適量

做法/Procedures

● 將薰衣草葉切碎備用，洋蔥切碎除去水分備用。

●● 將煙燻鮭魚一片一片依序舖在盤上。

●●● 將橄欖油、檸檬汁、白酒醋、鹽、黑胡椒粉拌勻成醬汁。

●●●● 將做法❸的湯汁淋在煙燻鮭魚上，再放酸豆、洋蔥、薰衣草裝飾即可。

小叮嚀

＊可放一些翠綠生菜做搭配食用，亦可加入弄碎的
　水煮蛋。

慵懶的假日午
後，來參加一場森
林的饗宴……

大廚：
快來幫忙
啊！

海洋魔力
香醋漬彩椒章魚

冰涼的大章魚口感香Q，以白酒、白酒醋拌勻，用豐富的香料提味，
山與海的美味是如此契合。

材料/ *Ingredients*

熟凍大章魚 300克切片　　黃甜椒1/2粒切絲　　　　特級橄欖油 40cc
檸檬1/2粒榨汁　　　　　　歐芹 30克切碎　　　　　黑胡椒粉 適量
大蒜 40克切碎　　　　　　新鮮奧勒岡 1 支去梗、留葉　鹽 適量
紫洋蔥 100克切碎　　　　　白葡萄酒 25cc　　　　　辣椒1/3支切碎
紅甜椒1/2粒切絲　　　　　白酒醋 5cc

做法/ *Procedures*

● 將熟凍大章魚退冰切片備用。

●● 將全部材料混合拌勻備用（除了紅、黃甜椒絲）。

●●● 取一沙拉碗放入章魚切片與紅、黃甜椒絲拌勻，淋上做法❷的醬汁即可。

肚子餓了！
在好～還要等多久
我才可以嚐嚐你的
手藝。

一定要幸福

躺在幸福信箱裡的明信片，
　有著淡淡的鳥語花香；
濃濃的咖啡味道；
　以及想念祝福的心情。
　要郵差一起跋山涉水，
　走很遠的路，去造訪心愛的人。

料理小教室

豬排醬汁

材料 / *Ingredients*

洋蔥 1/2粒	蒜仁 4粒	鹽 適量
月桂葉 2片	百里香、奧勒岡 少許	中筋麵粉 20克
胡蘿蔔 1/4條	梅林醬油（Melin）適量	豬排骨 500克
西芹 1/2根	蕃茄糊 20cc	水 800cc
歐芹梗 2支	黑胡椒粉 適量	蔬菜油 40cc

做法 / *Procedures*

● 將洋蔥、胡蘿蔔、西芹切中丁，歐芹梗切小段。

●● 取一烤盤塗抹蔬菜油，放上做法❶及月桂葉、蒜仁、豬排骨混合拌勻，放入預熱180℃的烤箱中烤15分鐘（注意不要烤焦）後取出再放入蕃茄糊、麵粉與烤盤的食材均勻攪拌過再烤10分鐘。

●●● 將水放入鍋中加熱沸滾後轉小火，加入做法❷的食材煮50分鐘後加入百里香、奧勒岡、黑胡椒粉、梅林醬油、鹽，調味後煮10分鐘過濾後即可。

小叮嚀

＊可分別做成牛排、羊排、雞排醬汁，只要將豬湯排骨替換成小塊牛骨、小羊骨、雞骨即可。

山中的潮汐和海浪.

在頭上飄過的雲，像捲起的海浪.
植物的搖動 像潮湧向面前
山中看見海洋
柔軟的泥土 淺淺的陷落.

可做其他的**烹飪變化**

羅勒鮮菇義大利麵 p.036

鼠尾草洋菇豬排 p.060

南義風情

羅勒鮮菇義大利麵

以香菇、杏鮑菇、洋菇、鮑魚菇搭配羅勒、彩色甜椒,好像一幅春天的圖畫,加上濃濃的豬排醬汁,滿足的心情很難形容。

材料 / Ingredients

橄欖油 30克	歐芹 20克	動物鮮奶油 50cc	洋菇 30克切片
蒜仁 10克切碎	紅甜椒 50克切絲	豬排醬汁 150cc	鮑魚菇 40克切片
紅蔥頭 20克切碎	黃甜椒 50克切絲	香菇 40克切片	義大利麵 200克
青蔥 30克切碎	不甜白酒 60cc	珊瑚菇 40克	黑胡椒粉 適量
羅勒葉 20克	白蘭地 30cc	杏鮑菇 30克切片	鹽 適量

做法 / Procedures

● 將義大利麵放入滾沸的鹽水煮10-12分鐘後撈出備用。（煮時須翻動麵條,以免沾鍋）

●● 將橄欖油放入鍋中加熱後放入紅蔥頭與蒜仁炒香後,放入香菇片、珊瑚菇、杏鮑菇片、洋菇片、鮑魚菇片炒軟。

●●● 加入紅、黃甜椒絲、青蔥,炒約1分鐘後加入白蘭地（讓酒精蒸發）。

●●●● 再加入不甜白酒（讓酒精蒸發）後,再加入豬排醬汁、動物鮮奶油、歐芹拌勻。

●●●●● 再放入義大利麵拌炒,以黑胡椒粉、鹽調味,再放入羅勒拌勻即可,趁熱食用。

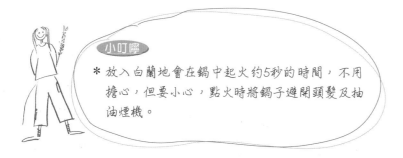

小叮嚀

＊放入白蘭地會在鍋中起火約5秒的時間,不用擔心,但要小心,點火時將鍋子避開頭髮及抽油煙機。

懶洋洋的在森林裡,
尋找靜謐的氣氛
享受擁有的幸福感.

熱情如火

香芹干貝蝦仁辣味麵

以托斯卡尼的道地料理手法烹煮蝦仁、干貝、洋蔥、紅酒、甜椒，搭配濃郁的奶油香，讓義大利麵充滿陽光的味道，再用辣椒提味，風情萬千。

材料／Ingredients

蝦仁 20克切背　　　蒜仁 30克切碎　　　　　動物鮮奶油 200cc
干貝 70克　　　　　紅蔥頭 30克切碎　　　　紅甜椒 80克切絲
歐芹 20克切碎　　　辣椒 20克去籽切碎　　　黃甜椒 80克切絲
橄欖油 30克　　　　義大利麵 200克　　　　新鮮百里香 少許
洋蔥 100克切絲　　　不甜白酒（料理白酒）70cc　香芹粉、白胡椒粉、鹽 適量

做法／Procedures

● 將義大利麵放入滾沸的鹽水煮10-12分鐘（煮時須翻動麵條，以免沾鍋）備用，蝦仁洗淨，切背備用。

●● 將橄欖油放入鍋中加熱後放入洋蔥、百里香、紅甜椒絲、黃甜椒絲炒軟，再加入蒜仁、紅蔥頭、辣椒，拌炒均勻，加入切背蝦仁、干貝炒到水份收乾，倒入白酒翻炒，醬汁漸漸收乾。

●●● 加入動物鮮奶油、香芹粉、白胡椒粉、鹽調味，加入義大利麵拌炒約1分半後加入歐芹攪拌均勻，趁熱食用。

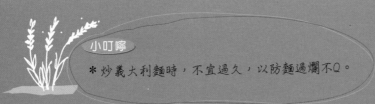

小叮嚀

＊炒義大利麵時，不宜過久，以防麵過爛不Q。

那一步我們談戀愛

夢想飛行

香草蔬菜湯麵

天使麵搭配五彩繽紛的香料，奶油、香蒜、羅勒的香味撲鼻而來，簡單的好味道，適合和好友們分享。

材料/*Ingredients*

義大利天使麵（Capellini）
200克
洋蔥 100克切碎
西芹 100克切碎
胡蘿蔔 100克切小丁

甜豆仁 100克
魚高湯 800cc
奶油 40克
蒜仁 20克切碎
蛤蜊肉 100克

鹽 適量
白胡椒粉 適量
月桂葉 1片
羅勒 20克切碎

做法/*Procedures*

● 先將奶油放入鍋中加熱，放入月桂葉、洋蔥炒軟，加入蒜仁、西芹、胡蘿蔔小丁炒約8分鐘。

●● 再放入甜豆仁、魚高湯，煮沸後，改中小火煮15分鐘。

●●● 加入義大利天使麵、蛤蜊肉煮5分鐘，再以胡椒粉、鹽調味，灑上羅勒即可。

雞高湯

材料／*Ingredients*

雞肉 2公斤切塊	青蒜 50克	白胡椒粉 適量
洋蔥 300克切丁	芫荽（香菜）30克	鹽 適量
西芹 150克切丁	百里香 4克	
紅蘿蔔 150克切丁	月桂葉 2片	
歐芹梗 50克	水 3000 cc	

做法／*Procedures*

● 先將雞肉塊放入水中加熱，待水滾沸後約2分鐘取出沖水洗淨備用。

●● 將其他材料、水、川燙過的雞肉塊一起放入湯鍋中，煮滾後改用小火煮約55-60分鐘，加入白胡椒、鹽、調味後用細布過濾備用。

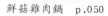

鮮菇雞肉鍋　p.050

小叮嚀

＊ 勿以大火滾煮，以防湯汁渾濁。

＊ 進行做法❷時勿超過時間太久，以免香氣隨著水蒸氣蒸發變淡。

＊ 煮湯後的雞肉可做白斬雞食用。

可做其他的烹飪變化

百里香芥茉小牛肉 p.054

茵陳蒿奶油雞 p.056

月桂葉洋菇湯 p.064

料理小教室

魚高湯

材料/Ingredients

白(色海水)魚肉(或魚骨) 1公斤切丁
洋蔥 300克切丁
西芹 150克切丁
紅蘿蔔 150克切丁

茴香 25克
蒜苗 70克
百里香 4克
月桂葉 2片
白酒 350cc

橄欖油 適量
水 3000cc
白胡椒粉 適量
鹽 適量

做法/Procedures

● 將所有材料放入湯鍋中,煮滾後改用小火煮約40-45分鐘。

●● 加入胡椒、鹽調味,再用細布過濾備用。

小叮嚀

* 勿以大火滾煮,以免湯汁渾濁。
* 做法步驟❶勿超過時間太久,以免香氣會隨著水蒸氣蒸發變淡。

可做其他的烹飪變化

香草蔬菜湯麵 p.040

檸檬草蝦醬燴海鮮 p.044

檸檬草酸辣鍋 p.046

我最喜歡吃海鮮囉！
讓我多加幾隻活蹦鮮
美的蝦子……

夢想成真

檸檬草蝦醬燴海鮮

看似完全不搭調的元素，卻往往能碰撞出令人驚豔的火花，濃郁的檸檬草、微辣的蝦醬，香甜的椰奶，配合中國蝦米、油豆腐、豆芽菜，哇！如此鮮美的口感，會上癮。

材料/Ingredients

A.
嫩薑泥 3小匙
蝦醬 3小匙
蝦米 3小匙搗碎成泥
花生仁辣椒泥 12大匙
椰奶 700cc
糖適量（紅糖、砂糖皆可）

魚高湯 3000cc

檸檬草（香茅）4枝拍扁
南薑 4片（可用老薑取代）
鹽少量
白胡椒適量

海鮮料（依個人口味喜好準備）
芫荽（香菜）1小束

辣椒絲 30克
油蔥酥 2大匙
油豆腐 12粒
豆芽菜 500克

做法/Procedures

● 將魚高湯滾沸後改小火加入A材料，拌勻後再加入檸檬草、南薑熬煮約30分鐘即可以鹽、白胡椒適量調味，離火備用。

●● 海鮮料清洗後備用。（海鮮料如：蟹、蝦、貝類、魚類）

●●● 取一火鍋盆，放入豆芽菜，再放上做法❷海鮮料、油豆腐，再倒入做法❶的湯汁，煮熟灑上油蔥酥、辣椒絲及芫荽即可。

花生仁辣椒泥的做法

＊將花生仁、辣椒、紅蔥頭、蒜仁搗碎研磨成泥，花生仁泥40克、新鮮辣椒泥200克、紅蔥頭泥40克、蒜仁泥35克，混合後取240克使用。

陽光森巴

檸檬草酸辣鍋

香茅、南薑的嗆辣，紅咖哩獨特的香氣，加上檸檬的酸味，及豐富的海鮮配料，
口感醇厚，像一道熱流撫慰脾胃。

材料 / Ingredients

檸檬草（香茅）兩枝拍扁
橙葉 3片
南薑片 2片（可用老薑取代）
泰式紅咖哩糊 3大匙
蔬菜油 60cc
洋蔥 1/2粒切碎
鹽、糖 適量
白胡椒粉 適量

高湯 3000cc
（海鮮鍋用魚高湯，肉類鍋用雞高湯）
香菜 3枝
紅蔥頭 30克切碎
蒜仁 50克切碎
檸檬1粒榨汁
新鮮辣椒2支去籽切碎
白醋 30cc

火鍋料：海鮮料、肉類、蔬菜類、一般常見火鍋料類皆可，建議依個人喜好加以變化。

做法 / Procedures

● 海鮮料或火鍋料洗淨備用。

●● 將蔬菜油放入鍋中，以中小火加熱，加入洋蔥、紅蔥頭、蒜仁，依序
炒軟、炒香後加入紅咖哩糊炒出味，加入高湯及檸檬草、新鮮辣椒、
南薑、橙葉熬煮40分鐘，放入鹽、糖、白胡椒粉拌勻調味。

●●● 加入檸檬汁、白醋、香菜調味。

●●●● 放入火鍋料煮熟即可。

樂而忘憂

芫荽鮮蟹火鍋

用豬小排熬煮高湯,加上螃蟹、香菇、金針等簡單的食材,新鮮味美,有濃濃的大海味道。

材料/Ingredients

新鮮螃蟹 500克　　　　芫荽(香菜)1小束　　　水 適量
小排骨 300克　　　　　香菇 100克　　　　　　鹽 適量
冬粉 適量　　　　　　　金針 1小包　　　　　　白胡椒粉 適量
青蔥 2支　　　　　　　茼蒿 1把

做法/Procedures

● 取一小鍋水,放入排骨滾沸,撈出洗淨備用。

●● 再取2500cc水放入鍋中滾沸後放入做法❶排骨煮沸,改小火煮30分
（中途必須不斷撈除浮沫）。

●●● 螃蟹剁成適當的大小,冬粉用熱水泡軟。

●●●● 金針除去根部,香菇去蒂切對半、青蔥切斜片、茼蒿洗淨備用。

●●●●● 取一火鍋盆放入做法❷的排骨高湯,煮滾後加入鹽、胡椒粉調味,依
序放入做法❸、❹,再放上芫荽做裝飾。

小叮嚀

＊食材可依自己的喜愛去做變化。

CHocoLat

男生餐

女生餐.

山居歲月

鮮菇雞肉鍋

奧勒岡、百里香醃製的香煎雞肉,加上當地盛產的杏鮑菇、香菇、鴻禧菇一起烹煮,呈現原汁原味,溫暖鮮美,自在隨意。

材料/Ingredients

雞腿肉 1000克
杏鮑菇 10枝
香菇 6粒
鴻禧菇 100克
芋頭切丁 1／2粒
胡蘿蔔 100克切丁
茄子 120克切丁

紅甜椒 1/2粒切丁
黃甜椒 1/2粒切丁
洗淨青江菜 3棵
雞高湯 2500cc
洗淨洋蔥 1粒
百頁豆腐 適量
蔬菜油少許

蠔油 1小匙
酒 50cc
(米酒或紹興酒皆可)
鹽少許
乾燥奧勒岡 5克
乾燥百里香 3克

做法/Procedures

● 先將雞腿肉灑上少許鹽和酒、乾燥奧勒岡、乾燥百里香,薄醃10分鐘。

●● 倒入少許蔬菜油放入鍋中,放入雞肉,皮朝下煎成黃金色,切大丁備用。

●●● 胡蘿蔔丁、芋頭丁煮熟備用。

●●●● 雞高湯2500cc、蠔油1小匙、鹽適量、酒50cc做火鍋湯底放入鍋中加熱,依煮熟的快慢程度,依序放入做法❷、❸的材料,再放入杏鮑菇、香菇、鴻禧菇、茄子丁、紅甜椒丁、黃甜椒丁、洋蔥及百頁豆腐、青江菜煮熟即可。

薰衣草森林手記

每個人心中都有一座秘密森林

在王家衛的電影"花樣年華"裡，由梁朝偉飾演的周慕雲在戲末來到了柬埔寨，他找到一面牆，將他所有無法向人說出的心事都告訴了牆上的一個洞，然後，他用草將洞填起來，讓這面牆永遠為他守著秘密。

我們總也是這樣，在無人可以傾吐心事，或者，不想將心事告訴別人時，我們會獨自在薰衣草森林裡找個角落，也許是山丘上慈祥的許願樹，或者是守候著祝福的幸福信箱，把所有的心裡話說給他們聽，不一定全是傷心事，有時候也可以是想念起某個遠去的朋友，或者突然的為了某件事而感動。而森林裡有著許多這般樂於傾聽的角落，從不拒絕我們的到來，於是，森林裡到處都有我們所藏下的秘密。

森林裡有我們的秘密，森林裡也藏著許多朋友們的回憶與故事，第一次的邂逅，最後一次的別離，久別老友的重逢，闔家團圓的天倫之樂，所有動人的情節，伴隨著鳥語花香的艷陽天場景，或是煙雨濛濛的詩情畫意，不斷的上演與謝幕。在不經意的角落，一張紫色的桌子上曾經緊握著兩雙手，一排斑駁的台階曾經走過兩對足跡，歲月消失，春去了秋又回來，曲終人散，卻把回憶與故事都留在了森林裡，招喚著所有朋友，一次又一次的回到森林裡，去回憶，去紀念，去遺忘……

但終究我們無法衝破那塊積著塵的玻璃而回到過去，不論是周慕雲或我們都無能為力。於是我們在玻璃的另一邊，種出一片紫色的森林，留住所有的記憶與秘密……

森林咖啡館的主廚料理

花時間用心品嚐一頓飯,是改變生命的起點⋯⋯

坐在森林咖啡館中，嚐著主廚的特別料理，
細細品嚐幸福時光的濃濃香草味，
旁邊樹林裡飛出的蝴蝶與蜜蜂，
卻已迫不及待的隨著流洩的音樂，
在無人的舞台上，翩翩起舞起來了。

嫵媚風情

百里香芥茉小牛肉

以百里香、洋蔥、培根、白酒做成的醬汁,搭配鮮嫩的香煎小牛肉,滑潤的口感,清新的滋味,唇齒留香。

材料/Ingredients

小牛肉片200克×2
奶油 15克
培根 1/2片切碎
洋蔥 1/3粒切碎
不甜白酒 150cc
雞高湯 120cc
動物鮮奶油 100cc

麵粉 1大匙
法式Dijon芥茉醬 1大匙
新鮮百里香去梗、留葉 1支
歐芹 適量
白胡椒粉 適量
鹽 適量

麵糊材料

奶油 10克
麵粉 10克

做法/Procedures

＊麵糊做法
將奶油放入鍋中加熱後改小火,放入麵粉拌炒均勻,炒8分鐘後起鍋備用。

● 除去牛肉肥油、筋後,以胡椒粉、鹽灑在肉上提味,沾上麵粉抹均勻。

●● 取平底鍋加入5公克奶油加熱後,放入小牛肉片煎到兩面成棕黃色取出,備用。

●●● 10公克奶油放入鍋中加熱,改中火放入培根、洋蔥炒軟,倒入白酒濃縮後,轉小火,加入百里香、芥茉醬、動物鮮奶油、雞高湯扮勻加熱至微滾。

●●●● 加入麵糊攪拌成稠狀,放入煎好的小牛肉煎約6分鐘,以白胡椒粉、鹽調味,加入歐芹即可。

＊ 小牛肉的麵粉不要塗太厚,要入鍋煎時肉要小力拍打,拍除多餘麵粉。

＊ 炒麵糊用小火,以免炒焦。

幸福入味

茵陳蒿奶油雞

用青蒜、茵陳蒿、奶油入味，烹煮雞胸肉，簡單的配料，呈現樸實味覺感受，滿口幸福味道。

材料/Ingredients

不帶骨雞胸肉 2塊
青蒜切碎 2根
奶油 30克
不甜白酒 100cc
雞高湯 250cc

乾燥茵陳蒿 1小匙
動物鮮奶油 60cc
中筋麵粉 適量
白胡椒粉 適量
鹽 適量

麵糊材料

奶油 10克
麵粉 10克

做法/Procedures

*麵糊做法參考（p.55）說明。

● 將雞胸肉撒上一些胡椒粉、鹽，再用麵粉沾均勻。

●● 將奶油放入鍋中加熱，放入做法❶的雞胸肉用小火煎至兩面上色約3分鐘，取出備用。

●●● 再將青蒜碎炒軟，加入白酒濃縮後，加入雞高湯攪拌至滾，再加入茵陳蒿、麵糊微拌，用小火煮，約8分鐘。

●●●● 再將做法❷的雞胸肉放入做法❸內並用小火煮12分鐘至熟，過程中稍微翻動攪拌，避免煮焦。

●●●●● 加入動物鮮奶油、胡椒粉、鹽調味即可。

自游自在

奧勒岡烤鱸魚

把奧勒岡、歐芹、百里香、羅勒塗滿鱸魚，以火烤食用，鮮嫩魚肉搭配香氣入口，野放情趣十足。

材料/*Ingredients*

海鱸魚肉 250克
油漬鯷魚 5克切碎
麵包粉 50克
橄欖油 10cc

奧勒岡 ┐
歐芹 ├ 混合香料
羅勒 │ 10克
百里香 ┘

蒜仁 10克切碎
義式帕梅善起司粉 20克
法式Dijon芥茉醬 少許
鹽 適量
白胡椒粉 適量

做法/*Procedures*

● 將麵包粉與混合香料、蒜仁、帕梅善起司粉、鯷魚、鹽、胡椒粉攪拌均勻。

●● 將烤盤塗抹橄欖油，再將鱸魚放入烤盤內。

●●● 將鱸魚肉上抹DJ芥茉醬，再鋪上做法❶的混合香料，再淋少許的橄欖油。

●●●● 將烤箱預熱180℃，把做法❸放入烤箱烤15分鐘，烤到表面呈金黃色。

●●●●● 取一餐盤（要溫熱）將茄汁醬（要加溫過）鋪底，魚肉放上即可。

茄汁醬

新鮮蕃茄 600克
羅勒 15克切碎
歐芹 10克切碎
蒜仁 15克切碎

橄欖油 25cc
辣椒 適量切碎
鹽、白胡椒粉 適量
洋蔥 30克

1.用刀子將蕃茄末端劃十字，放入沸水煮10秒中，再放入冰水中浸泡，取出去皮去籽、切碎。

2.將橄欖油放入鍋中加熱，加入洋蔥炒軟再加入蒜仁炒出味約4分鐘。

3.加入做法 煮滾後以小火煮25分鐘，至醬汁濃稠後，加鹽、胡椒粉調味。

4.加入羅勒、歐芹、辣椒拌均勻即可。

活力十足

鼠尾草洋菇豬排

用鼠尾草、橄欖油、胡椒粉醃製豬里肌，油炸之後，再淋上香草豬排醬汁，香氣馥郁，如春天的午宴，朝氣十足。

材料/Ingredients

原味鼠尾草 少許	紅蔥頭1粒切碎	麵包粉 適量	紅酒 15cc
洋蔥 1/4粒	梅林醬油 15cc	蒜仁 2粒	蔬菜油 200cc
洋菇 3粒	（視個人口味輕重增減）	歐芹 適量	白胡椒粉 適量
香菇 1粒	豬里肌 200克	橄欖油 20cc	豬排醬汁 60cc
中筋麵粉 適量	雞蛋 1粒	百里香 少許	

做法/Procedures

● 將豬里肌拍打成薄片，加鼠尾草、橄欖油10cc、梅林醬油、胡椒粉，拌勻薄醃10分鐘。

●● 將洋蔥切碎，洋菇、香菇切片，紅蔥頭切碎，蒜仁切碎，備用。

●●● 將剩下的橄欖油放入鍋內加熱，加入洋蔥炒軟，依序放入紅蔥、大蒜拌勻炒香。

●●●● 放入洋菇、香菇、百里香，炒香後加入紅酒濃縮後，加入豬排醬汁拌勻備用。

●●●●● 將做法❶的豬里肌先後沾麵粉、打勻之蛋液、麵包粉。

●●●●●● 取一平底鍋放入蔬菜油加熱160℃，放入做法❺炸熟取出放入盤中。

●●●●●●● 淋上做法❹的醬汁即可。

小叮嚀

＊不知道油的溫度嗎？將麵粉、蛋液、麵包粉揉成直徑約1公分之小圓，放入已加熱之蔬菜油中，若小圓3秒後浮上油面，則油溫約已達160℃。

午后的感覺.
像雲朵一樣的柔軟.
風在吹. 我的夢飄起來.

簡單自在

香料烤蔬菜

節瓜、洋蔥、洋菇、日本茄子鋪在烤盤中，加上羅勒、黑胡椒、橄欖油一起烘烤，簡單不過的香草料理，適合夏日趕走疲憊的輕食料理。

材料/ *Ingredients*

節瓜 300克切片	溫室蕃茄 300克切片	鹽 適量
洋蔥 80克切片	羅勒 15克切碎	黑胡椒粉 適量
洋菇 80克切片	特級橄欖油 30cc	羅勒葉 少許
日本茄子 300克	歐芹 15克切碎	

做法/ *Procedures*

● 用少許橄欖油塗抹烤盤內，擺鋪一層節瓜片，撒些黑胡椒粉、鹽、羅勒、歐芹。

●● 再依序鋪擺洋蔥片、洋菇片、日本茄子、溫室蕃茄片，撒入剩下的羅勒、歐芹、黑胡椒粉、鹽，再淋上橄欖油。

●●● 放入預熱200℃的烤箱中，烤約28-30分鐘，烤好時可放羅勒葉做裝飾。

今天就來一盤清爽蔬果，健康100%、幸福跟著來！

微風往事
月桂葉洋菇湯

洋菇的清甜，月桂葉的清香，鮮奶油的濃郁，淺淺淡淡的風味，恰似腦中淺淺淡淡的甜美記憶。

材料/*Ingredients*

乾燥月桂葉 1片　　馬鈴薯 1/3粒　　鹽 適量
動物鮮奶油 2大匙　歐芹 少許　　白胡椒粉 適量
雞高湯 600 cc　　綠蘆筍 2枝　　蕃茄油 少許
洋菇 10粒　　　　洋蔥 50克
奶油 1大匙　　　　中筋麵粉 30克

做法/*Procedures*

● 洋蔥切碎，洋芋去皮切小丁、洋菇切片，蘆筍去硬皮過燙備用。

●● 先將1/2大匙奶油放入鍋中加熱，放入中筋麵粉，小火拌炒均勻後起鍋備用。

●●● 再將剩下的奶油放入鍋中加熱，放入月桂葉，洋蔥碎炒軟，再加入洋菇炒香，加入馬鈴薯、雞高湯熬煮15分鐘，並加入動物鮮奶油，冷卻後倒入調理機，打漿備用。

●●●● 將做法❷與做法❸放入鍋中以小火加熱，調成適當的稠度後，用鹽、白胡椒粉調味。

●●●●● 倒入深盤中。

●●●●●● 用蘆筍、歐芹、倒入幾滴蕃茄油做裝飾。

 小叮嚀

＊打漿前要把月桂葉取出。

＊將蕃茄糊加沙拉油炒熱後，過濾出蕃茄油使用。

青江菜玉米湯

綠意盎然

將青江菜和奧勒岡、月桂葉拌炒，加入玉米粒和雞高湯，用調理
機打成泥，加上椰奶，口味獨特，享受最自然的田園風光。

材料/*Ingredients*

青江菜 200克　　　　西谷米 60克　　　　奧勒岡 少許
玉米粒罐 400克　　　動物鮮奶油 50cc　月桂葉 1/2片
嫩薑 20克切碎　　　白胡椒粉 適量　　炸薑絲 少許
雞高湯 700cc　　　　鹽 適量
椰奶 150cc　　　　　奶油 1大匙

做法/*Procedures*

● 將一鍋水煮沸放入西谷米改中小火煮25分鐘，熄火、蓋鍋蓋，燜20分
　鐘左右，撈出西谷米泡在開水中備用。

●● 將奶油放入鍋中加熱放入薑碎略炒。

●●● 放入青江菜（取葉部）、月桂葉、奧勒岡炒軟，加入
　雞湯、玉米粒煮沸改小火煮20分鐘後熄火放冷。

●●●● 用研磨機（調理機）將做法❸成品打成泥過濾。

●●●●● 將過濾後的湯放回鍋中加熱，加椰奶、動物鮮奶油
　　拌勻，白胡椒粉、鹽調味。

●●●●●● 將煮好的西谷米加入，用薑絲及少許動物鮮奶油裝
　　　飾湯面。

小叮嚀

＊有椰奶味，偏南洋風。

陽光野趣

胡蘿蔔泥湯

用洋蔥和胡蘿蔔拌炒，加入馬鈴薯和高湯，用白胡椒和蝦夷蔥調味，散發出讓人難以抗拒的魅力。

材料 / Ingredients

奶油 50克
(紅)胡蘿蔔300克切小丁
洋蔥 50克切碎
雞高湯 600 cc
馬鈴薯 50克切丁

動物鮮奶油 2大匙
蝦夷蔥 少許
白胡椒粉 適量
鹽 適量

做法 / Procedures

● 奶油放入鍋中以小火加熱。

●● 放入切碎洋蔥炒軟，並加入胡蘿蔔拌炒8分鐘。

●●● 加入洋芋及雞高湯煮沸改小火慢煮約50分鐘至洋芋變軟熄火。

●●●● 做法❸放冷後，使用調理機攪拌成泥，再回鍋加溫（可視湯的濃稠度加水做調整）。

●●●●● 放入白胡椒粉、鹽、動物鮮奶油調味。

●●●●●● 蝦夷蔥切小段，撒上少許動物鮮奶油即可。

薰衣草森林手記

美好的下雨天

我們喜歡下雨天的薰衣草森林，不知道為什麼下雨天顧客就少了很多，好像一下雨，就把顧客的遊興也跟著淋濕了。我們倒比較像青蛙，一下雨就樂得哇哇叫，顧客少了，工作中多了一份悠閒，上班也像在休假似的。

工作夥伴說我們兩個一點都不像做生意的老闆，生意差了不發愁反倒覺得高興。最近接連下了兩個星期的雨，老天爺像是要不到糖吃的任性小孩似的整天哭個不停，對於老天爺我們是一點辦法都沒有，既然沒辦法，何不換個角度在裡頭找些樂趣，好好欣賞雨景呢？只要雨不要像前年七二風災的狂下法，我們就不會跟老天爺抗議的。

外行的湊熱鬧、內行的看門道，其實內行的玩家才知道下雨天是遊薰衣草森林最好的時機。不管是在新社、清境或者尖石店，你都可以看到雲霧如何用它幻化的身影做一場精采的大自然演出。一下子雲霧瀰漫，一下子又雲開霧散，飄渺而迷離，如幻似夢。若你是在新社或尖石店，你還可以聽到穿林打葉的美妙雨聲，滴滴

答答的有種可以讓浮躁心情沉澱的力量，雨水沖刷過的森林，閃耀著水光透出新綠。

不同的雨景帶來不同的感受，綿綿細細的雨絲適合不打傘漫步雨中，讓雨水輕輕的親吻肌膚，暴風雨則以她澎湃的氣勢帶來驚天動地的震撼，有如千軍萬馬過境，夏天清涼的雨滲人心脾，冬天淒切的雨引人愁思，雨為森林帶來萬種風情，誰說下雨天掃興來著？

梯分泥的森林野宴

戀人們都藏身在森林裡，好一個戀愛的季節與樂園……

來薰衣草森林最浪漫的是，
在樹林間享用歐式自助餐 *buffet*，
一杯沁涼的水果茶，一盤迷迭香餅乾，
草坪上灑落幸福的陽光，
空氣中彌漫醉人的花香，
樂音和著鳥鳴聲入菜。

甜蜜心事
羅勒水果塔

濃醇的奶油香味，金黃色的香脆外皮，時令的新鮮水果，
讓森林的下午茶宴，有了最好的句點。

材料/*Ingredients*

鮮奶 370cc
乾燥羅勒 2克
市售卡士達粉 60克

市售大蛋塔皮 5個
奇異果 2個
罐頭水蜜桃 1罐

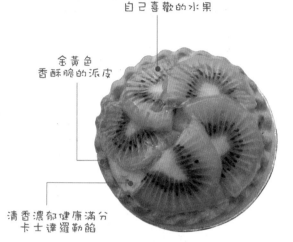

自己喜歡的水果

金黃色
香酥脆的派皮

清香濃郁健康滿分
卡士達羅勒餡

做法/*Procedures*

● 將大蛋塔皮置於烤盤以上火170度下火180度烤至
金黃色即可，冷卻備用。

●● 將鮮奶煮至滾後加入乾燥羅勒、卡士達粉攪拌均
勻成羅勒餡。

●●● 將羅勒餡注入烤好的塔皮九分滿。

●●●● 將奇異果去皮切片後擺上即可。

●●●●● 喜歡水蜜桃口味，則可加上水蜜桃，水果可以任
意搭配。

小叮嚀

＊水果可依照自己的喜好去做搭配。

啊！樹分泥
你會不會加太多
糖囉！

多加點，還不
夠，我喜歡甜一
些的水果塔。

偷閒時光
法式麵包布丁

午後的風散發著薰衣草的香味，一杯獨具風味的布丁，一本好
書，一個人的下午茶，挺好的。

材料/Ingredients

白吐司 4片
奶油 75克
乾燥薰衣草籽 2克
砂糖 適量
砂糖 180克

乾燥薰衣草籽 3克
動物性鮮奶油 750克
雞蛋 300克
蛋黃 23克
葡萄乾 適量

做法/Procedures

● 奶油、乾燥薰衣草籽2克混合隔水加熱溶解備用。

●● 白吐司分切成9小片後沾上做法❶的薰衣草奶油。

●●● 再沾上砂糖，以200度的烤箱烘烤5分鐘後取出待涼。

●●●● 動物性鮮奶油、砂糖180克、乾燥薰衣草籽3克混合後以中火加熱
攪拌至糖溶解，降溫至30度（不燙手指）。

●●●●● 做法❹加入雞蛋、蛋黃混合攪拌均勻並過篩濾除雜質和薰衣草，
做成布丁液。

●●●●●● 將烤過的吐司丁放入盤中，並鋪上葡萄乾。

●●●●●●● 將做法❺布丁液倒入盤中，以上火160度下火190度烤箱隔水烘烤
35分鐘至熟即可。

清新自在
檸檬草檸檬椰果凍

加上檸檬草的QQ果凍，酸甜、清香的口感，好像坐在大草原般的清新、自在。

材料/Ingredients

果凍粉 7克
砂糖 55克
礦泉水 370克
乾燥檸檬草 2克

檸檬 適量切片
椰果肉 適量
蜂蜜 1湯匙

 →  →  →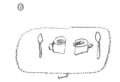

做法/Procedures

● 果凍粉和砂糖混合均勻備用。

●● 將礦泉水、檸檬草放入鍋中加熱至滾後熄火，濾除檸檬草。

●●● 再加入做法❶混合完成的糖和果凍粉攪拌均勻並降溫至40度。（不燙手指即可）

●●●● 準備容器，杯內鋪入椰果肉。

●●●●● 將做法❸ 倒入做法❹容器杯中至滿，放入冰箱冷藏至凝固。

●●●●●● 擺上切片檸檬並淋上蜂蜜即可。

早晨. 適合遊盪在森林裡

午後的感覺.
　像雲朵一樣柔軟
　風在吹. 我的夢也飄起來.

中午 陽光穿過葉縫隙.
尋找一種閒適恬淡.

和你發呆寧靜的晚上.
有蟲鳴. 有燭光 和淡淡的花香.
我想跟你數著星星回家

料理小教室

薰衣草水

材料/Ingredients

水 1000cc
乾燥薰衣草花籽 12克

做法/Procedures

● 水1000cc加熱至85℃加入乾燥薰衣草花籽泡10分鐘後,以濾布濾掉薰衣草花籽,泡的過程中不要攪拌,以免薰衣草水變苦。

可做其他的烹飪變化

薰衣草藍莓潘趣 p.081

薰衣草優格冰沙 p.081

薰衣草水果茶 p.082

薰衣草琉璃冰茶 p.096

森林野宴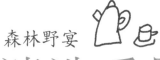

迷迭香黑芝麻餅乾

有野趣的迷迭香餅乾、薰衣草的冰飲，像詩裡紛飛的美麗章節，想把森林野宴的感覺，寫進詩的結尾。

材料 / *Ingredients*

奶油 115克   蛋黃 20克   泡打粉 2克
砂糖 125克   乾燥迷迭香 3克   黑芝麻 25克
鹽 2克   低筋麵粉 180克

做法 / *Procedures*

● 將奶油、砂糖、鹽混合均勻攪拌，直到從黃色轉變為呈泛白色。

●● 加入蛋黃、乾燥迷迭香混合均勻。

●●● 加入過篩後的低筋麵粉、泡打粉、黑芝麻拌勻成麵糰。

●●●● 將麵糰分割成每個15克並揉圓。

●●●●● 平均排列於烤盤上並以手掌輕輕壓平後，放入烤箱用上火160度下火150度烤至金黃色即可。

出爐了.

看著玻璃窗架上 豐滿的餅乾

我聞到了屬於我們家的味道.

薰衣草優格冰沙

材料 / *Ingredients*

薰衣草水 200cc　　　植物鮮奶油 1匙　　　冰塊1杯半
市售原味優格 100㏄　　果糖 6㏄

做法 / *Procedures*

● 所有材料放入果汁機中打均勻即可。

薰衣草藍莓潘趣

材料 / *Ingredients*

薰衣草水 250cc　　　藍莓果粒 1匙　　　果糖 6㏄
藍莓汁 30cc　　　　　檸檬汁 3㏄　　　　1杯半的冰塊

做法 / *Procedures*

● 所有材料倒入果汁機打成雪泥狀倒入玻璃杯即可。

微醺歲月

茴香黑櫻桃布丁

淡淡的茴香加上黑櫻桃布丁，有畫龍點睛的效果，搭上豐富水果食材的水果茶，嗯，下午茶的美好時光，讓人有微醺的感覺。

材料 / *Ingredients*

鮮奶 250克	雞蛋 187克
砂糖 60克	市售大蛋塔皮 5個
乾燥茴香 2克	黑櫻桃粒罐

做法 / *Procedures*

● 將黑櫻桃粒濾除水份後直接鋪入大蛋塔皮中。

●● 將鮮奶、砂糖、乾燥茴香放入鍋中隔水加熱至糖溶解後熄火，降溫至40度。

●●● 將雞蛋加入做法❷中混合均勻並濾除雜質。

●●●● 將做法❸所得材料倒入蛋塔皮內至滿，放入烤箱中以上火200度下火220度烘烤17分鐘至凝固即可。

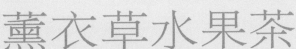

薰衣草水果茶

材料 / *Ingredients*

綜合水果丁（蘋果、奇異果、鳳梨、柳橙等，可依時節作改變） 兩大匙

薰衣草水 適量	柳橙果泥 12cc	百香果泥 12cc
果糖 6cc	薰衣草水 70cc	

做法 / *Procedures*

● 將柳橙果泥12cc＋百香果泥12cc＋果糖6cc＋薰衣草水70cc攪拌均勻。

●● 玻璃杯中依序放入綜合水果丁2大匙、加入做法❶水果茶（100cc）、冰塊八分滿（約10顆）、加入薰衣草水至滿，再放入新鮮香草裝飾即可。

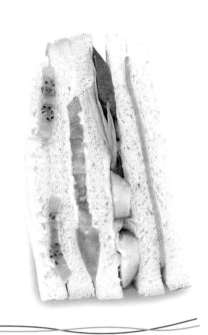

心滿意足

薄荷水果三明治

將薄荷與鮮奶混合打成汁,混在美乃滋中;或者是用檸檬香蜂草與鰻魚相配,搭配自己喜愛的三明治配料,宛如在香草花園中野餐,樂趣十足。

材料 / Ingredients

切片白吐司 5片　　　　奇異果 半顆
鮮奶 30克　　　　　　蕃茄 半顆
新鮮薄荷葉 8克　　　　美生菜葉 2片
市售美乃滋 300克　　　火腿片 2片

做法 / Procedures

● 將鮮奶和薄荷葉用果汁機打成泥狀後,加入美乃滋混合均勻成三明治醬料備用。

●● 取一片白吐司平均塗抹上醬料後鋪上切片奇異果。

●●● 加上一片白吐司平均塗抹醬料後鋪上切片蕃茄。

●●●● 加上一片白吐司平均塗抹醬料後鋪上美生菜葉。

●●●●● 加上一片白吐司平均塗抹醬料後鋪上火腿片。

●●●●●● 再加上一片白吐司平均塗抹醬料後蓋上即可斜切成型。

鰻魚漢堡

材料/Ingredients

全麥麵包 1個
市售美乃滋 200克
檸檬 1個
乾燥檸檬香蜂草 6克
美生菜葉 2片

小黃瓜　1 條
白芝麻 適量
照燒鰻魚 250克（可買現成）

做法/Procedures

● 將檸檬切三分之一擰汁，加入美乃滋及檸檬香蜂草混合拌勻備用。

●● 將全麥麵包橫切成二片後，塗抹做法❶醬料進烤箱加熱3分鐘。

●●● 鋪上洗淨的美生菜葉及斜切片狀的小黃瓜。

●●●● 再次淋上做法❶的醬料均勻。

●●●●● 將照燒鰻魚加熱後鋪於麵包上並撒些白芝麻。

●●●●●● 再把麵包蓋上做夾層狀即可。

薰衣草森林手記

紫色花海上的小船

薰衣草田中間的過道上，擺放著一張黃色的椅子。

正值薰衣草田盛開的季節，黃色的椅子浮在紫色花海中像一艘小船。

走過的情侶，坐了下來，他們互相依偎，說著甜蜜的悄悄話，椅子後面豎立的快樂兩字寫著他們的心情，小船載著他們，航向幸福的港灣。

不總是成雙成對，有時候，一個人坐下來，身邊空出了位置，多了一點伸手伸腳的空間，多了

一些空空洞洞的寂寞。那個缺席的人，也許是已經消失在茫茫人海之中，也許是仍在未知的緣分中徘徊。不管如何，此時此刻，要一個人自在的躺在這艘小船中，讓陽光灑在身上，任憑心情在美麗的紫色花海中隨處飄流。

人走了，椅子空了，在人來人往的紅塵中，等待下一趟心情的擺渡。

森林第 **5** 站

許願樹下的幸福茶飲

故事是用生命做顏料所描繪的風景，用悲歡離合的音符譜寫的戀曲……

Wish all dreams come true
把願望告訴山丘上的許願樹，
許願樹會拜託路過的太陽，
帶走所有的願望，下班後回家說給上帝聽。

恢復元氣

百里香感冒茶

哈啾！有點感冒了……，泡一壺百里香、薄荷、金盞花、甜菊、薰衣草，從手心
一直暖到心裡。

材料／*Ingredients*

新鮮百里香10cm
新鮮薄荷6cm
乾燥金盞花3匙
乾燥薰衣草籽0.5匙 2克

甘草根2片
乾燥甜菊2片

做法／*Procedures*

● 上述材料全部放入700cc的花茶壺，用熱水沖泡約3分鐘
即可飲用。

小叮嚀

* 百里香能夠止咳化痰，減緩喉嚨疼痛症狀。
* 甘草能夠潤肺止咳，可減緩咳嗽、喉
　嚨疼痛症狀。
* 薄荷可減緩外感風熱、感冒、頭痛、
　咽喉腫痛、呼吸道炎等症狀。
* 金盞花具有發汗作用，可以緩和感冒
　發燒症狀。

媽咪！
森林裡的小熊
感冒囉。

秋天的光影,適合優雅的節奏流轉……

觸電滋味

薰衣草冰拿鐵

森林裡的下午兩位天王天后，一個濃烈，一個溫醇，有點危險，有點溫暖，都有致命的吸引力。

材料/Ingredients

薰衣草黑咖啡 60cc　　　冰鮮奶 200cc
義式咖啡粉 12克　　　　鮮奶 200cc
薰衣草花籽 2克　　　　果糖 30cc

做法/Procedures

＊薰衣草黑咖啡做法
取一家庭用義式咖啡機，倒入一半義式咖啡粉，再倒入薰衣草花籽2克，最後將剩餘義式咖啡粉覆蓋在薰衣草花籽上，萃取60cc薰衣草黑咖啡。

＊奶泡做法
在鋼杯內倒入冰鮮奶200cc，將義式咖啡機的蒸汽管1/3長度插入牛奶中，注入蒸汽，發泡至鋼杯8分滿。

＊薰衣草冰拿鐵做法
● 玻璃杯內放入10顆冰塊。
●● 倒入果糖、200cc鮮奶至玻璃杯中與冰塊攪拌均勻。
●●● 倒入黑咖啡，鋪上奶泡蓋滿杯面。

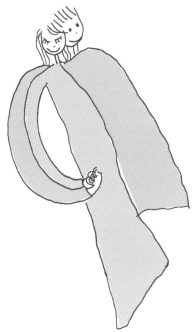

愛情蕴藏.
你 大大的手掌. 給我最溫柔的美麗.

薰衣草冰奶茶

材料／*Ingredients*

薰衣草花籽 2匙（8克）　　植物鮮奶油 2匙
錫蘭紅茶葉 1匙（4克）　　果糖 6cc
鮮奶 200cc

做法／*Procedures*

＊薰衣草茶做法
薰衣草花籽2匙（8克）＋錫蘭紅茶葉1匙（4克）＋
300cc熱水泡4分鐘後用濾網濾掉渣。

＊薰衣草冰奶茶做法
薰衣草茶加入鮮奶、植物鮮奶油、果糖拌勻後放
入冰箱冷凍。

巴黎 的味道.
F06. 座落在花園廣場區. 身旁圍繞
天使花. 美人蕉 枯萎芽. 好薑花等
熱帶植物 和 竹簾.

晚上數著星星
一起回家去

薰衣草森林

迎向未來

薰衣草琉璃冰茶

薰衣草的香味加上可爾必斯的酸甜，夏日裡一杯沁涼入心，心情豁然開朗。

材料/ Ingredients

薰衣草水200cc
（做法請參照79頁）
可爾必思 30cc

果糖 6cc
植物鮮奶油 適量

做法/ Procedures

● 杯子加入可爾必思及果糖攪拌後加入冰塊10顆。

●● 倒入薰衣草水攪拌。

●●● 在杯面擠上植物鮮奶油裝飾。

小熊寶貝今天要
給我什麼樣的驚
喜，好緊張喔！

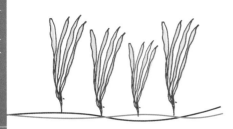

願望成真
檸檬草白皙茶

想要晶瑩剔透、白皙無瑕，是每個女人的願望，檸檬草、薔薇果、桔皮、洛神花、櫻桃果，讓妳光采耀人，是美麗佳人的秘密武器。

材料 / *Ingredients*

乾燥薔薇果1匙 6克　　　　　乾燥山芙蓉(洛神) 2顆(捏碎)
乾燥檸檬草1匙 4克　　　　　乾燥櫻桃果 6克
乾燥桔皮0.5匙 4克

做法 / *Procedures*

上述材料全放入700cc的花茶壺，用熱水沖泡約3分鐘即可飲用。

外頭有霧在飄，
空氣冷冷的，
吃下午茶的客人是浪漫法浪的

健康滿分

檸檬羅勒消化茶

檸檬羅勒加上檸檬草和玫瑰花，是吃完美食之後的最佳搭檔。

材料／*Ingredients*

　新鮮檸檬羅勒 (約6cm) 2支

　新鮮檸檬草(約30cm) 1支

　乾燥玫瑰花1匙 8-10朵

　甘草根 2片

　乾燥甜菊 2片

做法／*Procedures*

　　上述材料全放入700cc的花茶壺，用熱水沖泡

　　約3分鐘即可飲用。

一個人感覺好孤獨
好想跟妳一起分享……

我們都是好朋友
我是你快樂的天使

為你加油

山芙蓉元氣茶

山芙蓉可以增進元氣，幫助你紓壓解憂。

材料/*Ingredients*

乾燥山芙蓉(洛神) 2顆(捏碎)
紅葉(如意波斯)茶 1/2匙2克
櫻桃果 1匙6-8克
乾燥金盞花 1匙2克
甘草根 2片
乾燥甜菊 2片

做法/*Procedures*

上述材料放入700cc的花茶壺中用熱水沖泡約3分鐘後即可飲用。

小叮嚀

* 乾燥山芙蓉(洛神)有很強的抗氧化、抗腫瘤、保護心血管、保護肝臟及降血壓的功能。

坐下來休息，在野地曬著暖暖的陽光，啃起麵包，是旅行最棒的享受……

好夢連連

甜薰衣幸福茶

用甜薰衣草、桃紅玫瑰、洋甘菊、甜菊沖泡出的茶飲，清甜潤喉，如同平淡生活中，甘甘甜甜的幸福滋味。

材料 / Ingredients

乾燥玫瑰花 約20朵　　　　　甘草根 2片
新鮮甜蜜薰衣草(6cm)1支　　乾燥甜菊 2片
乾燥洋甘菊 0.5匙 2克

做法 / Procedures

上述材料全放入700cc的花茶壺，用熱水沖泡約3分鐘即可飲用。

＊薰衣草象徵王子，玫瑰花象徵公主，王子和公主在童話裡最後過著幸福快樂的生活。

舒壓解憂

橙皮玫瑰花茶

香蜂草搭配玫瑰花、橙皮，清新香氣入口，彷彿登高望遠，把煩惱拋到九霄雲外。

材料/*Ingredients*

乾燥香蜂草 2克
乾燥玫瑰花 4克
乾燥甜菊 2片

乾燥橙皮 4克

做法/*Procedures*

上述材料全放入700cc的花茶壺，用熱水沖泡約3分鐘即可飲用。

小叮嚀

＊香蜂草具有清香爽口的甜味，可消暑、鎮靜神經、增進食慾。

＊玫瑰有調節女性生理期、舒緩情緒功能。

＊桔皮含有豐富維他命C。

每個人都帶著故事活著，如果沒有故事，生命單薄到好像隨時會被風吹走……

願望帶我們到遠方

一年多前有一天傍晚，天色已黑，我們在森林咖啡館看見一位媽媽正聚精會神的就著微弱的光線寫著許願卡，因為新社的許願樹在紫丘上頭，要爬一段小山坡，我們擔心天黑路不好走，於是就告訴這位媽媽可以把許願卡交給我們，明天白天我們會請工作夥伴代為掛上。不過這位媽媽拒絕了我們的好意，她說她是專程來還願的，一定要親自掛上去。我們只好帶著火把，陪這位媽媽走一趟。

到了薰衣草田前，這位媽媽告訴我們，她希望自己一個人上去，請我們借她火把就可以了，雖然我們想陪她上去，但基於一些我們不知道的原因，她堅持自己上去，所以我們就只能留在紫丘咖啡館等她。

我們看著火焰和她明暗閃動的影子在蒼穹下無聲而緩慢的向小山丘上移動，有如一場莊嚴的宗教儀式，內心忽然為這個場景所感動，我們好像看見了

剛開店時的自己，同樣在許願樹前許下打造紫色森林的願望，藉由心中燃起的希望火焰，我們堅定的朝著許下的願望緩慢走去。

在新社和尖石店隨處都會看到飛揚在風中的許願卡，每一張卡片都有著一個虔誠的心願，我們相信所有的心願能夠在這個充滿神秘魔力的森林裡受到祝福而終能實現。

歡迎到森林走走

把快樂從森林裡散播出去，遇到了更多人，又帶著更多的快樂回到森林裡來……

薰衣草森林
LAVENDER COTTAGE

04-25931066

不管任何時機任何場合，
重逢或送別，慶祝或療傷，
獨自一人或三五成群，
都能夠各取所需，
在這裡找到她們的滿足。

來森林‧開party

　　開party，要有一群人，熱鬧的為了慶祝什麼而共同聚在一起，像生日party、畢業party啦，如果只有一兩個人的party，冷冷清清，那多感傷哪！而且，party一定要有好吃好喝的來錦上添花，party和美食，就像左右腳的鞋子，總不能穿著一隻鞋子就出門吧！

　　薰衣草森林一年到頭都有好玩的party，一、二月是薰衣草節，在美麗盛開的紫色薰衣草節中，我們迎接2月14日浪漫的情人節到來；四、五月新社店提燈籠的螢火蟲把初夏的夜晚佈置得如夢似幻；慶祝五月的母親節當然是不可錯過的，萬一你因為任何亂七八糟的理由錯過了，緊接著來的端午節要趕緊彌補一下；七到九月有人畢業有人放暑假，都是適合旅行的時節，薰衣草森林各店準備了豐富精采的節目等著朋友一站接一站的玩下去。七夕天上的牛郎要去會織女，在地上的情人們當

然也不能閒著，8月8日的父親節，可是個難得的機會可以理直氣壯的大聲告訴爸爸我愛你。十一月我們在秋高氣爽中一起慶祝天蠍座的薰衣草森林歡度生日，接著十二月寒風起，我們卻有一個聖誕老人和麋鹿相伴的溫馨聖誕節。

　　為了這些好玩的party，森林的廚師們也大展手藝準備了好吃的美食，每一個party都會有相應的美食來搭配，廚師們的用心讓party更開心。

　　只有一兩個人嗎？那也沒關係，歡迎來森林跟大家一起開party。

薰衣草森林，歡迎來走走
http://www.lavendercottage.com.tw/

新竹尖石店：新竹縣尖石鄉嘉樂村嘉樂130號　電話：03—5841193
台中新社店：台中縣新社鄉中和村中興街20號　電話：04—25931066
南投清境店：清境農場7—11旅客服務中心（國民賓館旁）　電話：049—2803779

薰衣草森林年度計畫

活動／日期	1	2	3	4	5	6	7	8	9	10	11	12	
薰衣草節	♪ ☆												1/10~2/28
情人節		♥											2/14
白色情人節			♥										3/14
螢火蟲節				♪ ☆ ♪									4月初～5月初
媽咪節					♥								5月的第二個禮拜
暑假旅行							♪ ☆ ♪						7/1~9月中
爸比節								♥					8/8
七夕情人節								♥					農曆7/7
中秋節								♥					農曆8/15
薰衣草森林生日											☆		11/9
耶誕節												♥	12/24~12/25

森林紀事 1
相愛在森林裡 2.14 情人節

不是只在2月14日相愛，但2月14日要在森林裡與大家分享相愛的喜悅。

去年的2月14日白天風和日麗，去到薰衣草森林郊外三家分店的情侶們應該都能感受到大自然所贈予的最佳情人節禮物，一個適合出遊的好天氣，為好心情上色，讓回憶更加五彩繽紛。入夜之後，【森林‧1935】短暫的飄了點如游絲般的細雨，在鵝黃的燈光中渲染浪漫的氣氛；新社店用蠟燭在入口處圍出了一顆心，沿著這顆心，鋪出一條光的走廊，讓十指交扣的情人從心出發，順著燭光走廊走到她們的情人座去。各店不同的情人節氛圍，卻都一樣的美麗。

走進薰衣草森林，情人們手牽著手，工作夥伴送上香水玫瑰，代表我們對每對情人的祝福，廚師們用美味的情人對餐為幸福增添愉悅與活力。《戀‧情人證明書》是我們精心設計送給情人們的紀念，裡面有12道題目，測驗戀人們彼此的愛情指數，當然我們相信每對來到薰衣草森林的情侶都是甜蜜的12分滿分。我們還為森林密友佈置了浪漫的情人座，用粉紅色的緞帶搭起愛情的彩虹，並送給每一個情人座的情侶我們手工打造的同心戒指，做為永結同心的象徵。

浪漫之外，快樂當然也不能缺席，今年的情人節我們玩一個好玩的遊戲叫做「給我一個大大的吻」，情侶的任一方塗上口紅盡所能的張大嘴巴把唇印貼上對方的臉頰，這個遊戲讓我們見識

到了人類驚人的潛能，看似秀氣的櫻桃小嘴使勁張開也能在半個臉上圈出一大片領土，很多情侶還是生平第一次看到自己的另一半血盆大口的模樣，笑得差點不支倒地。

良辰、美食、佳人，再佐以動人的Live音樂，大概就是感官所能領略的極致了，【森林‧1935】的情人節夜晚，有優美的薩克斯風與鍵盤組合的表演，緩緩情歌迷醉了每顆徜徉在戀愛中的心。

從十七八歲的單純青澀到七八十歲的永摯不渝，愛情是今天大家共用的語言，幸福是每張臉上相同的表情。每一次快樂的相處都是在為回憶加入美好的扉頁，留待將來細細回味，也為彼此的感情加溫。薰衣草森林在感情路上與朋友們攜手同行，見證每一刻的快樂時光。

森林紀事 2
暑假瘋旅行

　　敏督利颱風狂鬧一陣之後夾著
尾巴逃跑了，太陽正在家裡梳妝打
扮，準備出來歡渡一個熱情洋溢的暑
假。雖然畢業已有多年，七月一到，血液裡的
旅行因子卻仍會不安分的躁動著，樹梢間嘶鳴的蟬
聲彷彿也在催促著我們整裝上路，去旅行流浪囉！

　　旅行或者流浪，在乎的是放鬆的心情；以及體驗新
事物的態度，我們或許到不了碧藍如洗的希臘天空下，巴
黎香榭大道的繁華也不總是我們眼中的景色，但是心是我們
的翅膀，只要一點想像力和玩遊戲的童心，就可以在轉過習以
為常的街角後，邂逅異國的迷人風情。

　　準備好了嗎？把成績單留給爸媽，工作還給老板，相機、地
圖、日記本、村上春樹的小說和陳姍妮的CD收進背包裡，戴上太陽眼
鏡，我們一起去薰衣草森林旅行吧！

按下按扭.
我們出發了.
旅行豐富我們的感情.

森林紀事 3
祝福的季節 12.25 聖誕節

聖誕節是一年當中最美麗的節日之一，雖然台灣不像歐美到了聖誕時節會下雪為大地萬物穿上潔白外衣，但看到到處都掛著紅紅綠綠的裝飾，聖誕樹上美麗的霓虹燈閃爍著，叮叮噹、叮叮噹歡樂的聖誕音樂在冷空氣中依舊興高采烈，心裡就有一種溫馨幸福的感覺。

我們不是基督徒，卻也喜歡在聖誕節去參加教會的活動，在禱告中感受平和與寧靜，在唱詩中體會信仰的力量，在互贈禮物時分享彼此的祝福，我們把這些令人感動的聖誕儀式搬到了薰衣草森林中來，在聖誕夜有森林小天使唱歌報佳音，還有交換禮物活動，讓來到森林的朋友們都能獲得滿滿的祝福。

聖誕節除了歡樂與祝福外，更有關懷的意義，對認識的人付出關心，也對需要幫助的人付出愛心。除了生日之外，還有什麼節日能讓你更名正言順的寄卡片給親朋好友，跟他們問好，說你想念他們呢？

以前到聖誕節前，總會用心為每個親友挑選聖誕卡，小心翼翼的寫賀詞，深怕寫錯了就報廢一張賀卡，然後貼上郵票，投進郵筒裡，想到聖誕卡被拆開時親友的喜悅，自己好像預先感染了那份情緒。

在聖誕夜的歡樂歌聲中，我們沒有忘記低頭禱告，祈求所有孤苦無依的人都能夠得到神的眷顧、他人的幫助，讓這個世界的愛心永不止息。

C O P Y R I G H T

腳丫文化
■ K017

薰衣草森林 用香草調味的幸福時光

國家圖書館出版品預行編目資料

薰衣草森林 / 林庭妃、詹慧君 著　初版．
臺北市：腳丫文化，2006〔民95〕
面：　公分． —（腳丫叢書；K017）

ISBN-13：978-986-7637-26-0（平裝）
ISBN-10：986-7637-26-7（平裝）

1.食譜　2.香料　3.香料作物　栽培

427.1　　　　　　　　　　　95024913

著　作　人：林庭妃、詹慧君
社　　　長：吳榮斌
企劃編輯：林麗文
美術設計：王小明
出　版　者：腳丫文化出版事業有限公司

總社‧編輯部
地　　　址：104 台北市建國北路二段66號11樓之一
電　　　話：（02）2517-6688
傳　　　真：（02）2515-3368
E - m a i l：cosmax.pub@msa.hinet.net

業　務　部
地　　　址：241 台北縣三重市光復路一段61巷27號11樓A
電　　　話：（02）2278-3158‧2278-2563
傳　　　真：（02）2278-3168
E - m a i l：cosmax27@ms76.hinet.net
郵撥帳號：19768287 腳丫文化出版事業有限公司

國內總經銷：大眾雨晨實業有限公司　（02）3234-7887
新加坡總代理：POPULAR BOOK CO.(PTE)LTD.　TEL:65-6462-6141
馬來西亞總代理：POPULAR BOOK CO.(M)SDN.BHD.　TEL:603-9179-6333
香港代理：POPULAR BOOK COMPANY LTD.　TEL:2408-8801
印　刷　所：通南彩色印刷有限公司
法律顧問：鄭玉燦律師　（02）2915-5229

定　　　價：新台幣 250 元
發　行　日：2007 年　1　月　第一版　第 1 刷
　　　　　　　　　　　　1　月　　　　　第 2 刷